RAPPORT

SUR L'ÉTAT SANITAIRE ET MÉDICAL

DES TRAVAILLEURS ET DES ÉTABLISSEMENTS

Du Canal maritime de l'Isthme de Suez

Du 1er juin 1868 au 1er juin 1869

PAR LE DOCTEUR AUBERT-ROCHE

Médecin en chef de la Compagnie.

PARIS

IMPRIMERIE CENTRALE DES CHEMINS DE FER

A. CHAIX ET Cie

RUE BERGÈRE, 20, PRÈS DU BOULEVARD MONTMARTRE

1869

RAPPORT

RAPPORT

SUR L'ÉTAT SANITAIRE ET MÉDICAL

DES TRAVAILLEURS ET DES ÉTABLISSEMENTS

Du Canal maritime de l'Isthme de Suez

Du 1er juin 1868 au 1er juin 1869

PAR LE DOCTEUR AUBERT-ROCHE

Médecin en chef de la Compagnie.

PARIS

IMPRIMERIE CENTRALE DES CHEMINS DE FER

A. CHAIX ET Cie

RUE BERGÈRE, 20, PRÈS DU BOULEVARD MONTMARTRE.

1869

RAPPORT

SUR

L'ÉTAT SANITAIRE ET MÉDICAL

DES TRAVAILLEURS

ET

Des Établissements du Canal maritime de l'Isthme de Suez

Du 1er juin 1868 au 1er juin 1869.

A Monsieur Ferdinand de Lesseps, président-directeur de la Compagnie universelle du canal maritime de Suez.

Ismaïlia, le 1er juillet 1869.

ÉTAT SANITAIRE GÉNÉRAL.

Le 22 mars 1859, nous partions du Caire sous votre direction pour prendre possession de l'isthme de Suez et commencer les travaux du canal maritime.

Le 25 avril, cette prise de possession était terminée, le premier coup de pioche donné et les travaux inaugurés en présence de 25 Européens et 125 indigènes.

En mai, la population européenne était de 102 habitants, tant à Port-Saïd que dans l'intérieur de l'isthme. En septembre, ce chiffre était de 192, et en avril 1860, c'est-à-dire une année après l'installation, la population de l'isthme montait à 220 Européens et 464 indigènes. L'impulsion était donnée, elle ne devait plus s'arrêter.

Voici le tableau du mouvement de la population libre et sédentaire de 1859 à 1869.

Années et dates.	Européens ou blancs.	Indigènes ou noirs.	Totaux.
1859. 25 avril...	25	125	150
1860. Avril.....	220	464	684
1861. »	550	1.700	2.250
1862. »	1.250	2.400	3.980
1863. »	2.000	3.500	5.500
1864. Mai	3.524	3.900	7.424
1865. »	6.660	3.840	10.500
1866. »	11.800	7.065	18.865
1867. »	13.154	12.616	25.770
1868. »	16.010	18.141	34.258
Cette année, 1869. Mai..........	22.843	19.502	42.343

La mortalité, pendant les dix années qui viennent de s'écouler, a donné les proportions suivantes parmi la population européenne :

De 1859 à avril 1861.......... 1.04 p. 100.
De 1861 à   »   1862.... .... 1.60   »
De 1862 à   »   1863.......... 1.46   »
De 1863 à mai 1864.......... 1.36   »
De 1864 à   »   1865.......... 1.30   »
De 1865 à   »   1866 (choléra). 3.74   »
De 1866 à   »   1867.......... 1.86   »
De 1867 à   »   1868.......... 1.41   »
Cette année, mai 1869.......... 1.01   »

Terme de comparaison : mortalité en France, 2.40 p. 100.

Il y a donc progrès en santé comme en population et ces chiffres sont plus éloquents que tous les raisonnements.

Population et mortalité du 31 mai 1868 au 1er juin 1869.

La population dans l'isthme, sédentaire et participant aux travaux, se divise comme il suit :

Race blanche. — Européens, Grecs, Turcs, etc.; employés, ouvriers et marchands :

Hommes................ 19,823
Femmes................ 2,001
Enfants................ 1,019

       Total.......... 22,843

Race indigène. — Egyptiens, Arabes, Barbarins; ouvriers, serviteurs et marchands :

Hommes................	15,820
Femmes............	2,184
Enfants............. ...	1,553
Total..........	19,557

Total général : 42,400.

Cette population, composée, pour la race blanche, de Grecs, de Français, d'Autrichiens (Dalmates), d'Italiens, de Turcs et d'autres nationalités ; pour la race indigène, d'Égyptiens, de Barbarins, d'Arabes et de nègres, occupe différents points de l'isthme, de Port–Saïd à Suez ; elle vit et demeure dans les villes, les campements, sur les dragues, au milieu des travaux.

22,243,726 mètres cubes de terre ont été remués et transportés cette année par les dragues, les chalands, les machines et à bras.

En présence de cet immense travail et de ce mouvement de terre, quel a été l'état de la santé ? Les chiffres de la mortalité vont nous répondre ; nous avons déjà donné le chiffre proportionnel général, en voici le détail.

Race blanche.

Hommes : population, 19,825 ; mortalité, 159 ; proportion, 0.80 0/0.

Femmes : population, 2,004 ; mortalité, 19 ; proportion, 0.94 0/0.

Hommes et femmes : population, 21,826 ; mortalité, 178 ; proportion, 0.81 0/0.

Enfants : population, 1,019 ; mortalité, 54 ; proportion, 5.31 0/0.

Population blanche : hommes, femmes et enfants 22,845 ; mortalité, 232 ; proportion, 1.01 0/0.

Nous pouvons garantir l'exactitude de ces chiffres pour la-race blanche ; quant à ceux qui suivent et qui concernent la race indigène, nos renseignements sont aussi exacts que possible, à quelques unités près, en plus ou en moins, ce qui, du reste, ne change rien aux proportions de la mortalité.

Race indigène.

Hommes : population, 9,537 ; mortalité, 80 ; proportion, 0,85 0/0.

Femmes : population, 2,050 ; mortalité, 12 ; proportion, 0.58 0/0.

Hommes et femmes : population, 11,590 ; mortalité, 92 ; proportion, 0.79 0/0.

Enfants : population, 1,371 ; mortalité, 88 ; proportion, 6.42 0/0.

Population indigène : hommes, femmes et enfants, 12,961 ; mortalité, 180 ; proportion, 1.39 0/0,

Race blanche et indigène.

Hommes, femmes et enfants : population, 35,806; mortalité, 412; proportion, 1.15 0/0.

On remarquera la différence qui existe entre le chiffre de la population générale, qui est de 42,400, et celui de 35,804 sur lequel nous avons établi nos proportions de mortalité. Nous avons cru devoir retrancher du chiffre de la population indigène celui de Chalouf, qui s'élève à 6,596 individus ; une épidémie de dyssenterie, qui a duré trois mois, due à des circonstances atmosphériques particulières, est venue sévir sur cette population indigène, tandis que la population blanche jouissait, au contraire, d'une excellente santé, ce qui est prouvé par les chiffres.

Ainsi à Chalouf, sur 6,596 indigènes, il y a eu 449 morts, soit 6 80 0/0, tandis que chez les Européens, sur une population de 6,128, il n'y a eû que 44 morts, soit une proportion de 0.71 0/0. En parlant de Chalouf, nous reviendrons sur cette épidémie.

Si, pour apprécier l'état normal de la santé, nous avions admis ce fait exceptionnel dans la table générale de la mortalité, nous aurions été induits en erreur.

L'état réel de la santé dans l'isthme, démontrée par le chiffre de la mortalité, est donc ·

Pour la race blanche, de....... 1.01
Pour la race indigène, de...... 1.39
Pour les deux races réunies, de. 1.15

Mortalité chez les enfants.

La mortalité chez les enfants de race blanche a été de 5.34 pour cent; c'est à peu près la même mortalité que pour les enfants en Europe.

On aura dû remarquer que dans mes différents rapports j'avais très-peu parlé de ce qui concernait la santé des enfants européens dans l'isthme, bien que cette question fût une de celles qui nous préoccupaient le plus, surtout par rapport à l'avenir du canal. Les documents nous manquaient, et nos observations n'étaient pas assez nombreuses pour que nous puissions oser en tirer quelques conclusions. Aujourd'hui, la lumière commence à se faire et nous pouvons donner quelques indications.

La mortalité qui les a frappés dans les premières années était causée surtout par l'insuffisance des soins hygiéniques de l'habitation, de l'alimentation, etc., choses inhérentes à un premier établissement et aux influences atmosphériques. Ces causes, qui avaient peu d'action sur les adultes, influaient beau-

-coup sur les nouveau-nés et les enfants. Nous avons remarqué qu'au fur et à mesure que les établissements s'amélioraient, se complétaient, que les travaux se régularisaient, que le bien-être devenait plus grand, les habitations et l'alimentation meilleures, leur santé s'améliorait et la mortalité diminuait.

Nous avons aussi constaté une différence chez les enfants provenant de parents déjà plus ou moins acclimatés, ou venant des pays du midi de l'Europe. Ainsi ceux des Grecs et surtout des Maltais ont la santé la meilleure. Chez eux, la mortalité est moindre; puis viennent ceux d'Italie et ceux du midi de la France; ces enfants supportent très-bien l'influence du climat, ils ont besoin de moins de précautions hygiéniques que lorsqu'ils viennent du centre et du nord de l'Europe.

Quant à ces derniers, ce qui influe le plus sur eux c'est le climat. Les conditions hygiéniques ou autres sont les mêmes pendant les mois tempérés et les mois chauds. Or, tandis que ces enfants jouissent généralement, pendant la première période, d'une bonne santé, aussitôt que la seconde commence on les voit pâlir, s'affaiblir, contracter des diarrhées presque continues, c'est tout l'organisme qui est atteint et souvent il n'y a plus qu'un remède : fuir la chaleur et aller en Europe.

Dans les conditions actuelles et qui vont chaque jour s'améliorant, l'isthme nous paraît ne présenter de danger que pour les enfants européens des cli-

mats tempérés et du Nord, danger dû à l'élévation
de la température. Or je crois que l'on peut y obvier.
Je suis certain, et j'en ai fait l'expérience, qu'en
ayant des maisons bien exposées au nord, entourées
d'arbres et de plantations, en ayant soin de bien
arroser les environs de l'habitation, en tenant fer-
mées les persiennes à partir de 9 à 10 heures du
matin jusqu'au soir, l'on peut arriver à obtenir dans
les maisons une température de 5 à 6 degrés en
moins avec l'extérieur. J'ai pu constater même pendant le Ramsin (vents chauds du sud) des différences
de 10 à 12 degrés et n'avoir que 30 degrés, tandis
qu'à l'extérieur il y en avait 40. Dans mon cabinet
de travail, placé dans les conditions que j'indique,
le thermomètre se maintient entre 25 et 30 degrés,
quelqu'élevée que soit la température de l'extérieur.

Il me semble donc à peu près certain qu'en surveillant la nourriture, en ayant des habitations con-
venables, on arrivera à éviter l'influence de la cha
leur sur les enfants des climats tempérés, et à les
placer dans les mêmes conditions de santé que ceux
provenant des climats chauds de l'Europe.

Maladies.

Pour compléter ce chapitre, où la santé et la
salubrité de l'isthme se trouvent démontrées par la
mortalité même, je donne ici le tableau constatant

le nombre des malades alités, des visites et des
consultations pendant cette année, ce qui vient cor-
roborer les faits déjà énoncés.

Mois.		*Malades* *alités.*	*Visites et* *consultations.*
Juin......	1868.....	592	8.206
Juillet....	—	403	6.630
Août.....	—	376	6.404
Septembre	—	382	6.359
Octobre...	—	357	5.667
Novembre.	—	349	5.402
Décembre.	—	335	4.625
Janvier...	1869.....	368	4.566
Février..	—	298	3.967
Mars.....	—	400	5.139
Avril....	—	421	5.616
Mai......	—	469	7.224
Total......		4.744	68.806

Ainsi dans l'année il y a eu 4,744 malades, soit
13 malades par jour en moyenne parmi une population de 42.400 individus. On ne trouvera en France
ni ailleurs une ville, une localité, dont la population,
s'élevant au même chiffre, n'ait que 13 malades en
moyenne par jour.

Ce tableau des malades alités, des visites et des
consultations, indique en outre les mois où les maladies sont le moins fréquentes, par conséquent
l'époque où les influences climatologiques sont les
plus favorables. Enfin, comme preuve de la salu-

brité du climat, il a été traité dans les hôpitaux de l'isthme 2,249 malades, qui ont donné 26,429 journées de maladies, ce qui donne par malade et pour la durée de la maladie 11 jours 75 centièmes. A Paris, dans les hôpitaux, la durée est de 22 jours. La mortalité parmi les malades dans les hôpitaux de l'isthme a été de 127, soit 1 décès pour 17.70 malades. A Paris on compte un décès sur 11 malades.

SANTÉ GÉNÉRALE.

L'état général de la santé dans l'isthme est des meilleurs, et cette année a été particulièrement favorisée. C'est un fait acquis, quelle peut en être la cause? Qui a pu amener ce résultat?

Il est certain que la constitution médicale est admirable, que la plupart des maladies diminuent en nombre et en gravité, que chez les Européens, les ophthalmies, les dyssenteries et les hépatites ont presque disparu, qu'elles sont moins rebelles au traitement, que les diarrhées cèdent facilement; on se sent plus alerte, moins fatigué par le travail, les variations de la température sont moins sensibles, en un mot, on se sent bien portant.

En 1868, je signalais l'amélioration notable de la santé, j'en attribuais la cause principale à l'augmentation générale du bien-être, aux soins hygiéniques mieux pratiqués, à une nourriture plus saine et plus abondante, etc. Toutes ces causes ont persisté, bien plus elles ont augmenté, il y a une amélioration notable, un progrès sensible.

L'alimentation est aujourd'hui identique à celle d'Alexandrie et presque aussi bonne qu'en France. Dans l'isthme, on peut se nourrir selon ses moyens, la nourriture est saine et fraîche, les conserves ne sont plus que pour les hors-d'œuvre. La viande est de bonne qualité; les animaux, bœufs, vaches, moutons arrivent en abondance de l'Egypte, de la Syrie, de la Caramanie et même des pays d'Europe. Le poisson est à profusion, et c'est une bonne fortune pour la santé, car c'est la nourriture par excellence, surtout pendant les chaleurs. Je suis convaincu que cette nourriture saine et à bon marché a été et est en grande partie cause de la bonne santé des individus. Dans l'intérêt des populations qui habitent l'isthme, il faut veiller à ce que cette consommation ne subisse aucune entrave, et qu'elle puisse prendre une grande extension. Le canal et les lacs sont excessivement riches en poissons.

Les marchés sont bien fournis de légumes frais venant d'Egypte, je ne parle pas de ceux qui sont cultivés en abondance par les divers employés : les fruits pendant l'été, fraises, abricots, raisins, oranges, bananes, etc., voire même des ananas venant de l'Inde ; du gibier de toute espèce pendant l'hiver ; on peut varier sa nourriture, et la rendre aussi délicate que possible. Un gourmet ne dédaignerait pas la cuisine de certaines maisons, ni un

déjeuner ou un dîner commandé dans les hôtels de
Port-Saïd et d'Ismaïlia. Nous sommes loin des temps
où nous ne vivions que de biscuits et de conserves.

Les boissons ont suivi la même progression que
l'alimentation. Les vins ordinaires sont de bonne
qualité, ce qui est dû à ce que les vins frelatés se
gâtent pendant le transport, la consommation du
reste en est modérée; en dehors des repas on pré-
fère la bière, qui est plus rafraîchissante, et à ce
point de vue l'établissement des brasseries dans
l'isthme à été utile pour la santé en général; on
consomme moins de vin et surtout moins d'alcools.

Quant aux vins fins et de dessert on en trouve
d'excellents et de tous les bons crus, c'est une question d'argent.

L'eau n'est plus, comme autrefois, de l'eau de
puits légèrement saumâtre ou de l'eau du Nil appor-
tée de loin dans des barriques, trouble et souvent
infecte, c'est de la belle eau du Nil amenée par un
canal sur les travaux jusqu'à Suez, envoyée par une
double conduite en fer jusqu'à Port-Saïd. On ne la
boit même pas telle que le canal nous l'apporte, on
la met dans des filtres pour la purifier, et dans des
gargoulettes pour la rafraîchir. Aussi plus une seule
plainte sur la qualité et la quantité de l'eau, et si
quelques réclamations s'élèvent, c'est à propos de
l'arrosage des jardins.

On voit d'après cet exposé que l'alimentation
dans l'isthme, au point de vue de la santé, est aussi
complète que possible : en qualité et en quantité elle.

laisse peu à désirer. Or l'alimentation est la base de la santé, et l'on peut se .rendre compte de la part qu'elle doit avoir dans l'état actuel de la santé.

L'habitation n'a pas fait autant de progrès que l'alimentation; une maison étant construite on ne peut la remplacer d'une année à l'autre par une meilleure, on n'importe pas une habitation comme une substance alimentaire, la concurrence ne peut exister que dans de certaines limites, toutéfois quantité de nouvelles maisons se sont construites, le baraquement des ouvriers est mieux entendu, le logement est même devenu une industrie et lorsque l'on paie on veut être bien logé. Dans l'isthme, comme dans toutes nos villes de France, on trouve des habitations depuis le logement de l'ouvrier jusqu'à l'appartement le plus confortable; c'est encore une affaire de goût et d'argent.

L'habitation dans l'isthme mérite une attention toute spéciale, c'est avec l'alimentation la base matérielle de la santé. Une bonne habitation agit autant sur le moral que sur le physique, les précautions et les soins hygiéniques sont plus faciles; lorsqu'elles sont bien situées, on peut diminuer de beaucoup la chaleur; on transpire moins et l'on dort mieux. L'Européen qui voudra habiter l'isthme devra donc faire attention à ce que sa maison soit lé plus possible exposée au Nord, comme je l'ai déjà indiqué en parlant de la santé des enfants; que les murailles aient au moins 50 centimètres d'épaisseur; qu'elle soit entourée d'une véranda et de grands arbres afin que le soleil n'échauffe ni le sol ni les murailles;

les chambres devront être hautes, bien aérées, à
fenêtres opposées, avec persiennes, afin de se rendre
maître de la lumière, des courants d'air et de les
diriger. En été arrosez le sol environnant, faites de
la ventilation , pendant la chaleur de la journée
laissez pénétrer le moins possible de lumière et vous
aurez toujours une température de 25 à 30 degrés
au plus.

Ma conviction profonde est que dans l'isthme,
dans une habitation bien distribuée, on peut passer
les chaleurs de l'été avec autant de sécurité qu'en
France. Je ne parle que pour les mois chauds de
juin, juillet, août et septembre, car, pour les autres
mois que l'on peut dire tempérés, les plus beaux
climats de l'Europe méridionale sont à peine com-
parables à celui de l'isthme.

La salubrité et l'hygiène ont aussi progressé ; on
a fini par en comprendre l'importance, chacun s'ob-
serve et prend des précautions.

Au moral il y a progrès et progrès sensible. Bien
que quelques personnes aient considéré ce côté de
la santé avec une certaine indifférence, et qu'ils
regardent comme superflues les dépenses qui
servent à maintenir les esprits dans les meilleures
dispositions, il ne faut pas oublier que les idées
tristes dans le désert, loin du pays natal, sont une
maladie morale qui bientôt se traduit par des affections morbides ; il faut de la distraction, des occu-
pations variées, des plaisirs même, la santé, le service et les travaux y gagnent et c'est de l'argent

bien dépensé. Ce n'est pas en passant, ni de son cabinet, que l'on peut juger de telles questions ; il faut habiter sur les lieux mêmes, vivre de la vie des travailleurs, les observer, les étudier longtemps en santé comme en maladie pour constater par des faits l'influence du moral sur le physique et surtout dans l'isthme.

L'activité des travaux, la rapidité et la facilité des communications, la présence d'augustes personnages et les nombreux visiteurs qui ont parcouru l'isthme, les relations commerciales qui se sont créées avec les différents points du globe, ces grands bateaux à vapeur à Port-Saïd, les pavillons de toutes nations flottant déjà sur le canal, ont non-seulement frappé les esprits, soutenu le moral, mais encore fait circuler une quantité de numéraire, telle que le bien-être s'en est ressenti et par conséquent la santé.

C'est à toutes ces causes réunies que nous devons cet état sanitaire qui se traduit par une mortalité de 1,15 0/0 au lieu de 2,40 comme en France.

MÉTÉOROLOGIE.

Quelle est la part du climat dans cette magnifique santé de l'isthme?

Si l'on parcourt les tables météorologiques que nous publions chaque année depuis dix ans, on verra de suite quelle doit être la salubrité du climat de l'isthme ; les causes mêmes que nous avons signalées comme pouvant avoir une influence sur la santé passeraient inaperçues en France. Bien que la population européenne de l'isthme soit complétement à l'abri des affections thorachiques les plus graves, pneumonies, pleurésies et bronchites, que les maladies soient moins fréquentes par rapport au climat, il ne faudrait pas cependant en conclure que son action est nulle sur la santé, ce serait aller trop loin : l'action du climat se manifeste surtout dans l'état général de l'individu par suite de l'élévation de la température. Il est évident qu'un séjour prolongé modifie le tempérament et le rend plus rebelle à certaines maladies, l'individu s'acclimate, et bien certainement l'acclimatement doit être compté pour beaucoup dans l'état de la santé. Il ne faut pas oublier qu'il y a dans l'isthme une population qui y réside depuis plusieurs années.

Nous donnons ci-jointes les tables météorologiques résumées du 1er juin 1868 au 1er juin 1869 : Port-Saïd, dixième année ; d'Ismaïlia, sixième année ; Suez, quatrième année, les trois principaux centres de l'isthme, où le climat doit surtout être étudié en vue de l'avenir du canal.

L'année dernière, je faisais remarquer combien les conditions climatologiques déjà si favorables s'étaient encore améliorées. Cet état s'est maintenu, sauf quelques différences peu sensibles.

A Port-Saïd la température est restée à peu près

la même, mais l'humidité a été moindre : la moyenne pour les quatre périodes, chaleur, tempéré, froid, variable, a été cette année de 77.8, 78.9, 74.2, 74.8. Tandis que l'année dernière elle était de 79.5, 80.8, 74.9, 81.3. Cependant la pluie, cette année, a été plus abondante : 62 mill. au lieu de 30.

A Ismaïlia la moyenne de température est à peu près identique pour les deux années, mais les maxima sont moins élevés. L'humidité a été plus forte, selon les périodes ; elle a été cette année de 62.6, 74.9, 78.9, 66.4, tandis que, l'année dernière elle était de 59.6, 62.3, 65.5, 58.6 ; par contre la pluie a été moins abondante : en millimètres 33.85, au lieu de 89.77, l'inverse de Port–Saïd.

A Suez la température a baissé d'un demi–degré sur l'année dernière, les maxima sont moins élevés; les observations hygrométriques manquent.

Cette différence dans les maxima de température à Ismaïlia et à Suez, cette diminution dans la température à Suez, et cette différence dans les degrés hygrométriques moindres à Port-Saïd, climat humide, plus élevées à Ismaïlia, climat sec, constituent une amélioration climatologique qui doit avoir une influence sur l'état général de la santé : ici donc, comme dans l'alimentation, l'habitation et le bien-être, il y a eu progrès, et ce progrès s'est traduit chez les Européens par une diminution dans le nombre des maladies et dans le chiffre de la mortalité, qui, l'année dernière, était de 1.41, et qui cette année n'a été que de 1.01.

Changement de climat. — En 1867-1868, constatant l'amélioration de l'état sanitaire, je signalais une opinion déjà répandue que le climat changeait, que ce changement était dû à nos travaux et aux vastes surfaces d'eau que nous avions créées dans le désert.

Cette opinion, qui n'est que la conséquence de la bonne santé dont chacun jouit, prend chaque jour plus de consistance; elle est même arrivée jusqu'à l'Académie des sciences.

Nous n'avons pas encore assez de faits constatés pour nous prononcer à ce sujet, et il faudra attendre le complet remplissage du bassin des lacs Amers pour obtenir une base suffisante d'informations.

Il a gelé cette année dans l'isthme, mais non pour la première fois; depuis dix ans, nous avons eu trois fois de la glace à Ismaïlia et dans les environs, le 14 janvier 1863, les 24 et 25 janvier 1864 et cette année 1869, le 4 février. Chaque fois il y a eu trois millimètres de glace environ sur des vases exposés au nord, bien abrités du vent. Ce phénomène a lieu avant le lever du soleil. A Suez personne n'a vu de glace, mais dans la plaine l'eau, dans des vases, a été légèrement gelée les 24 et 25 janvier 1864, ainsi que le 4 février 1869.

Je ne comprends pas que l'on ait pu dire que le climat de Suez a subi une transformation même légère depuis que l'on a desséché 19,000 hectares de terrain. A Suez on n'a pas désséché un seul hectare de terrain, on a plutôt augmenté la surface d'eau par le canal d'eau douce, et ses infiltrations,

par le canal maritime, dont les épuisements néces-
saires pour les travaux à sec ont fait de petits lacs
aux environs des berges. L'influence des lacs
Amers ne peut se faire sentir encore, l'eau n'y étant
entrée que le 18 mars 1869 et ils ne seront remplis
que dans le mois d'octobre.

Tous ces bruits du reste prouvent que chacun sent qu'il y a une modification dans le climat
de l'isthme. En effet, il est évident que depuis quelques années il y a des variations favorables. Mais
est-ce dû aux travaux du canal, à l'inondation ou
au desséchement de vastes surfaces de terrains, aux
plantations, etc., etc.? C'est possible. Le climat de
l'isthme semble se modifier et il se modifiera probablement encore par suite de l'établissement du
canal; mais comme je ne veux rien avancer sans
preuves voici les faits sur lesquels se fonde mon
opinion.

A Port-Saïd une série d'observations bien régulièrement faites depuis dix ans par le docteur
Zarb, médecin de la Compagnie, démontre que dans
la première période quinquennale la moyenne a été:

Thermomètre.......... 21.5
Hygromètre........... 81.9
Pluviomètre.......... 160 millimètres.

Dans la seconde période la moyenne a été:

Thermomètre.......... 20.9
Hygromètre 79.2
Pluviomètre.......... 460 millimètres.

(Voir à la suite de ce rapport le tableau décenna
des moyennes thermométriques et hygrométriques
de 1859 et 1869, à Port-Saïd).

Il y a donc à Port-Saïd une modification cli--
matologique bien constatée: la chaleur a diminué
de 6 dixièmes de degré, l'humidité de 2°,6; la pluie
au contraire a augmenté et a donné 300 millimètres
de plus dans la seconde période.

- A Port-Saïd, loin d'avoir augmenté la surface de
l'eau, on l'a considérablement diminuée: tout le
triangle de terre à l'est et au sud de Port-Saïd
compris entre le canal jusqu'à Kantara, le désert,
Péluse et la mer, est aujourd'hui desséché, soit environ 22,000 hectares. Ce vaste desséchement ne
serait-il pas la cause principale des modifications
climatologiques de Port-Saïd?

A Ismaïlia des observations faites depuis l'installation des services, en mars 1863, démontrent
que de 1863 à 1867 la moyenne a été:

Thermomètre,............ 21.61
Hygromètre.............. 61.80

Et de 1867 à 1869 :

Thermomètre 21.12
Hygromètre............. 66.12

(Voir le tableau des moyennes thermométriques et hygrométriques de 1863 à 1869, dressé
par M. Aillaud, pharmacien de la Compagnie à
Ismaïlia.)

Le lac Timsah a été rempli le 15 juillet 1867; au

1er juin il contenait déjà une assez grande quantité d'eau. Dans les deux mois qui ont précédé cette date il y a eu 45 jours de pluie, et dans les deux qui ont suivi, jusqu'en juin 1869, il y a eu 43 jours de pluie. Je dois ajouter que, dans les années antécédentes à 1864, on ne comptait guère que 3 ou 4 jours de pluie dans l'année. Le changement qui s'est manifesté à Port-Saïd, depuis plusieurs années, dans la quantité de pluie s'est aussi produit à Ismaïlia et les environs.

Depuis le remplissage du lac Timsah, il y a eu 5 dixièmes de degré de chaleur en moins, et l'humidité a augmenté de 3° 3; quant à la pluie, il ne paraît pas y avoir augmentation.

A Ismaïlia, une vaste surface d'eau a été formée depuis deux ans; on a beaucoup planté, les jardins se sont multipliés, l'irrigation est plus abondante. Est-ce à ces causes que nous devons une plus grande quantité d'humidité? Je le crois et, ce qui me donne cette conviction, c'est qu'à Port-Saïd l'état hygrométrique a diminué au fur et à mesure des desséchements.

A Suez, la température a diminué. Depuis quatre années elle serait progressivement descendue de 22°81 à 21° 11, soit 1° 70. Mais, à part le canal d'eau douce, il n'y a rien eu de changé, ou plutôt les changements pouvant avoir action sur le climat sont insignifiants. (Voir le tableau des moyennes de Suez.)

L'abaissement de la température a été générale dans l'isthme, la pluie a aussi augmenté; mais ces deux phénomènes météorologiques sont antécédents, soit au desséchement à Port-Saïd, soit à l'inondation à Ismaïlia.

Ismaïlia, climat sec, localité des plus salubres, s'est encore améliorée par les eaux et les cultures; Port-Saïd, climat humide, localité salubre au milieu de la mer et des lacs, sans végétation, a vu sa salubrité augmenter avec le desséchement des terrains qui l'environnent. Que reste-t-il donc à faire au point de vue de l'amélioration de la santé? C'est de développer les cultures autour d'Ismaïlia, de continuer le desséchement autour de Port-Saïd et lui créer de la végétation, et cela est facile en continuant ce que nous avons si bien commencé.

Permettez-moi, Monsieur le Président, d'appeler votre attention sur cette question du desséchement des environs de Port-Saïd, qui intéresse au plus haut degré la santé et la prospérité de cette ville.

Le canal maritime, en traversant le lac et en empêchant par ses digues toute communication de la partie ouest avec la partie est, a amené le desséchement de cette dernière partie. Or, nous avons mis en pratique le premier principe posé par le général Andréossi, dans son Mémoire sur le lac Menzaleh (*Expédition d'Égypte*, vol. XI, page 9), au sujet du desséchement de ce lac, qui est : d'endiguer ou d'isoler les branches Tanitique et Mendésienne. Le résultat déjà obtenu par les digues du canal maritime peut servir d'expérience, mais il faudrait compléter l'idée et dessécher la partie ouest de Port-Saïd, comme la partie est, en portant une digue de Gémileh à Ras-el-Hagieh, ce qui à peu de frais isolerait entièrement les deux branches du fleuve et amènerait le desséchement matériel de 90,000 hectares environ, ainsi que des terrains qui entourent Port-Saïd. Il serait facile alors de conduire dans cette ville un grand canal d'eau douce, qui ne serait que la continuation de la branche Pélusiaque, ou du charquieh fertilisant sur son passage tous les terrains desséchés. Port-Saïd et ses environs, comme autrefois Péluse, se couvriraient de riches cultures et de végétation. L'amélioration du climat déjà constatée, par suite du desséchement d'une partie du lac, ne pourrait qu'augmenter et l'état de la santé en profiterait.

En résumé, il est évident que le climat de l'isthme s'est modifié et qu'il s'est modifié en bien. Ce changement, dû soit au desséchement, soit à une plus grande quantité d'eau, selon les localités, soit à la végétation ou à d'autres causes météorologiques, a déjà sur la santé générale de l'isthme la plus remarquable influence, et la preuve la plus convaincante de cette vérité, c'est que la mortalité et les maladies ont diminué.

ÉTAT SANITAIRE PARTICULIER.

L'état sanitaire particulier est l'histoire médicale détaillée de ce qui s'est passé dans chaque localité au point de vue de la santé et des maladies, de l'influence que chaque genre de travail, d'alimentation ou d'habitation a pu exercer, influence toute particulière, et qui souvent n'a aucune action sur l'état général de la santé.

L'isthme est un grand chantier de 160 kilomètres de long divisé médicalement selon les besoins des travaux et du service en 7 circonscriptions.

Première circonscription : Port-Saïd.

Cette circonscription compte 11,810 habitants, dont 11,000 environ résident dans la ville. Port-Saïd est déjà une place maritime très-remarquable, son port peut recevoir les plus grands navires, les paquebots français, autrichiens, russes, etc., y abordent régulièrement; chaque jour les relations commerciales se développent, encore quelques mois et Port-Saïd sera le point le plus important de la Méditerranée.

La mortalité de Port-Saïd a été sur les Européens adultes de 1.46 0/0. La durée moyenne de chaque maladie à l'hôpital a été de 11 jours 64 centièmes, et la mortalité sur les malades de 1 sur 15.50. Dans les hôpitaux de Paris le temps moyen de la maladie est de 22 jours, et la mortalité de 1 sur 11 malades.

Voici en quels termes M. le docteur Zarb, méde-

cin de la circonscription, me rend compte de l'état
sanitaire de Port–Saïd pendant l'année 1868-1869 :
« La santé générale n'a .reçu cette année aucune
atteinte sérieuse ; une légère épidémie de fièvres
gastro-rhumatismales s'est bien manifestée à l'é-
poque des fièvres typhoïdes en Égypte, correspon-
dant à la crue du Nil et à la maturation des dattes,
elle a parcouru divers degrés de la simple indisposi-
tion à la courbature avec fièvre, mais il n'y a pas
eu un seul cas de mort. Les ophthalmies diminuent. Les fièvres intermittentes ont été très-rares,
et les pernicieuses presque inconnues. En résumé
l'état de la santé a été fort satisfaisant.

» Le bien-être progressif des habitants dû aux
communications fréquentes et nombreuses avec
tous les pays ; la satisfaction de chacun à l'approche
de l'époque tant désirée du succès du grand œuvre,
l'achèvement du canal, le progrès dans les remblais
de la ville qui s'opposent à l'humidité nuisible du
sol ; les habitations meilleures et moins encombrées,
sont autant de causes de la bonne santé de Port–
Saïd.

» Le climat se rapproche beaucoup de celui de
Canton et d'Alger. En comparant les résumés de
dix années d'observations météorologiques, on s'a-
perçoit que la chaleur de l'été a un peu diminué et.
le froid de l'hiver un peu augmenté, que l'humidité
a diminué et la quantité de pluie augmenté. Cela me
paraît dû aux remblais, aux terrains desséchés, à l'é-
tablissement de maisons nombreuses et de quelques
jardins. L'eau douce qui ne vient que par une con-

duite d'Ismaïlia rend la végétation rare. Cependant depuis deux ans le nombre des petits jardins augmente et les résultats en sont excellents. Vous connaissez celui de l'hôpital, les plantes les plus délicates de l'Europe et des pays chauds y sont cultivées avec succès ; les camélias, les fucsias, les azaléas, les rhododendrons, les hortensias, les bromélias y fleurissent en pleine terre, en plein air ; les orchidées, les gloxinias et autres plantes de serre chaude ont à peine besoin d'être abritées du vent.

» De ce qui précède il est permis de conclure que le climat de Port-Saïd est un des meilleurs ; la santé y est en général excellente et s'améliorera davantage par l'établissement d'une bonne voirie. Le développement que va acquérir prochainement Port-Saïd, par l'achèvement du canal maritime, nécessitera un canal d'eau douce. C'est alors qu'une végétation des plus luxuriantes étant facile à obtenir, Port-Saïd sera une ville des plus salubres et des plus agréables à habiter sur le littoral de la Méditerranée. »

Je n'ai qu'un mot à ajouter à ce rapport succinct, c'est qu'il est l'expression exacte de la vérité.

Deuxième circonscription : Kantara.

Qui dit Kantara dit santé et salubrité ; cette loca-

lité a su garder encore le premier rang. Dans mon
dernier rapport je signalais Kantara, située sur la
route d'Egypte en Syrie, comme tendant à s'agran-
dir et à se transformer en ville, mais j'étais loin
de prévoir un développement aussi rapide : plus de
4,000 habitants-sont venus s'y établir; Kantara est
devenue une ville commerciale.

La circonscription de Kantara compte dans toute
son étendue près de 7,000 individus ; les décès ont
été dans l'année de 23, soit un décès pour 280 personnes au lieu de un sur 40 comme en France,
c'est-à- dire sept fois moins.

« Il est évident, dit le docteur Bourboukaki, médecin de la circonscription, dans son rapport an-
nuel sur l'état sanitaire de Kantara, que les Européens doivent se trouver placés ici dans les conditions hygiéniques les plus favorables. En effet, dans
ce climat en dehors de certaines affections comme
embarras gastriques, ophthalmies, diarrhées et dyssenteries qui du reste sont rarement causes de décès,
nous ne trouvons pas de maladies ni épidémiques
ni endémiques qui sévissent sur les populations
comme en Europe. Ainsi les affections de l'appareil
respiratoire sont à peu près inconnues ici, tandis
qu'elles figurent en Europe pour un quart dans le
chiffre de la mortalité générale. Si maintenant nous
ajoutons à la salubrité du climat l'aisance et le
bien-être de la population, la qualité des vivres,
grâce aux facilités des communications, si nous
ajoutons enfin les logements salubres et confortables,
les soins médicaux gratuits, une surveillance sani-

taire de tous les instants, nous trouvons un en-
semble de circonstances les plus avantageuses, au
point de vue hygiénique, qui rendent compte de la
santé remarquable de Kantara. »

Le docteur Bourboukaki démontre ensuite la salubrité du climat par la durée moyenne des maladies,
qui est de 10 jours, et par les décès à l'hôpital qui
ne sont guère que de 1 sur 33.

Kantara mérite de fixer l'attention du gouvernement égyptien et de la Compagnie par rapport à son
accroissement rapide. Les peuples nomades du désert entre la Syrie et l'Egypte, tendent à se fixer
à Kantara, c'est en quelque sorte leur capitale, le
nœud de leurs relations avec l'Egypte ; ce sera le
point commercial de ces populations avec l'Europe,
l'Arabie et l'Egypte par le canal.

Tous les environs de Kantara sont cultivables,
mais il faut de l'eau et il serait facile de l'y amener
en faisant dériver un canal de la branche Pélusiaque
par Tel-Daphné, canal qui existait autrefois. Kantara ne serait plus seulement une localité des plus
salubres, mais encore des plus agréables, par sa végétation, et des plus importantes par sa position
géographique.

Troisième circonscription · Él-Guisr.

C'était autrefois le centre principal de l'isthme;

elle a compté sur ses chantiers jusqu'à 20,000 individus ; l'année dernière, sa population était encore dé 4,000 hommes. Aujourd'hui que tous les travaux à sec sont terminés, que le grand seuil qui séparait la Méditerranée de la mer Rouge a été ouvert, qu'il n'y a plus qu'à approfondir la tranchée par les dragues, la population n'est plus que de 1,500 individus.

Le service de santé a dû suivre la même marche, l'hôpital est supprimé et les malades sont transportés à Ismaïlia. Il ne reste plus au seuil d'El-Guisr qu'un médecin avec un aide pharmacien pour soigner les blessés et les malades à domicile, donner des consultations, veiller à la salubrité des chantiers et parer aux événements en cas d'atteinte à la santé publique.

Comme cette circonscription est aujourd'hui confondue avec celle d'Ismaïlia, que les conditions hygiéniques et climatériques sont les mêmes, ce qui se rapporte à la salubrité d'Ismaïlia peut donc s'appliquer à la circonscription d'El-Guisr.

Quatrième circonscription : Ismaïlia.

Nous voici au centre du canal, dans la ville qui est destinée à devenir la capitale de l'isthme. Déjà le kkédive, souverain de l'Egypte, y a établi son gouvernement et fait en ce moment construire un magnifique palais. Ismaïlia, avec son lac, vaste port intérieur qui la met en relation directe avec tous les pays du globe, avec son canal d'eau douce qui la relie au Caire et à l'Egypte par le Nil, avec son chemin de fer qui la place à trois heures du Caire et à six heures d'Alexandrie, se trouve dans une position unique qui amènera forcément un commerce considérable, et en fera un centre de relations.

Nous avons déjà parlé de son beau climat, des améliorations qui ont eu lieu. Aujourd'hui, places, avenues, et quais sont plantés d'arbres, l'eau est en abondance partout, on irrigue. la végétation se développe avec rapidité et Ismaïlia se couvre de verdure. Que sera-ce lorsque le commerce y résidera, lorsque les navires ancrant dans son lac y feront affluer les capitaux, et qu'il se créera des établissements fixes! Encore quelques mois et l'on verra les résultats déjà acquis se développer.

Si les questions qui se rapportent à la santé sont d'un grand intérêt pour les habitants actuels d'Ismaïlia, elles ne le seront pas moins pour ceux qui viendront s'y établir : ils voudront savoir comment on s'y porte, quel est le climat ; or, je le dit, et je le répéterai sous toutes les formes il n'y a pas, il ne peut y avoir en Egypte et dans le monde entier une ville plus salubre.

La population d'Ismaïlia est de 5,432 habitants, dont 2,887 Européens. La mortalité parmi eux a été de 1,04 0/0 chez les adultes, et, fait remarquable, de 2,65 0/0 chez les enfants, près de moitié moins qu'en Europe.

Le docteur Companyo, médecin de la circonscription d'Ismaïlia, a constaté combien les maladies cèdent facilement, et avec quelle rapidité elles guérissent, combien les affections de poitrine sont rares. Depuis 9 ans qu'il réside à Ismaïlia et dans les environs, il n'a vu que deux pneumonies, dont une par accident, et pas de pleurésie. Je ne parlerai pas de la facilité avec laquelle guérissent les blessures, j'ai déjà plusieurs fois signalé ce fait.

Ismaïlia n'est pas seulement remarquable par sa santé et sa salubrité, mais encore par ses eaux, sa végétation et sa douce température pendant huit mois de l'année, ses nuits fraîches et splendides pendant toute l'année. On a parlé des nuits d'été du Caire, qu'est-ce en comparaison de celles d'Ismaïlia? ici ni humidité, ni poussière. Je crois donc qu'Ismaïlia est destinée à devenir non—seulement un centre de commerce, d'industrie et d'affaires, mais encore une ville de santé et de plaisir, son lac d'eau salée est là pour des bains de mer pendant toute l'année. Ismaïlia sera une résidence d'hiver pour l'Europe, et une résidence d'été pour l'Egypte.

Cinquième circonscription : Serapeum.

Le canal maritime qui était alimenté par le canal d'eau douce étant terminé, le plan d'eau a été abaissé jusqu'au niveau de la mer, l'eau douce rem-

placée par l'eau de la Méditerranée et le Serapeum,
qui se trouvait à un mètre au-dessous du plan d'eau,
est complétement desséché. C'est une amélioration
au point de vue de la santé.

Un grand travail s'est effectué dans cette circonscription : un barrage ou déversoir de plus de
100 mètres de long a été construit pour remplir
les lacs Amers, vaste dépression de 40 kilomètres
de long sur 15 de large ; le 18 mars, les écluses ont
été ouvertes, et la Méditerranée s'est avancée vers
la mer Rouge. Ces lacs ne seront remplis que dans
le mois d'octobre ; ils n'ont donc pu avoir encore
une influence sur le climat comme on l a avancé.

La population de la circonscription du Serapeum a été cette année de 3,550 individus environ,
dont 2,560 Européens ; il n'y a eu que 9 décès
parmi ces derniers ; par contre les affections catar
rhales et rhumatismales ont été assez nombreuses,
mais elles cédaient très-facilement.

Voici du reste l'opinion du docteur Dechen,
médecin de la circonscription, sur les causes de ces
maladies et sur la salubrité du climat du Serapeum.

« Je crois que l'on doit attribuer ces affections
à la saison et aux travaux de dragage qui exposent
les hommes à l'action constante de l'eau pendant
le jour, et de l'humidité pendant la nuit, car les
dragues marchent sans interruption.

» Durant les 12 mois qui viennent de s'écouler
la santé du Serapeum a été excellente. Consultez
notre liste des décès et vous verrez que, dans ce

long laps de temps, nous ne comptons que 9 morts
européens. Dans votre rapport de l'année passée,
vous faisiez figurer le Serapeum — ce campement jadis si décrié et si redouté — immédiatement après Kantara. Or, Kantara est le point le
plus salubre de l'isthme et la mortalité y est
presque nulle. C'était donc plus qu'une réhabilita-
tion pour notre campement, c'était presque un hon-
neur que d'être cité après Kantara au point de vue
sanitaire et de la salubrité. Le Serapeum méritera
cette année encore la réputation que vous lui avez
légitimement faite. »

Je n'ai rien à ajouter au rapport du docteur
Déchen.

Sixième circonscription : Chalouf.

Cette circonscription, l'une des plus importantes
par les travaux qui s'y exécutent et par sa nombreuse population de travailleurs, a présenté divers
phénomènes médicaux qui viennent donner la plus
éclatante confirmation sur ce que nous avons dit
concernant la salubrité et la santé de l'isthme.

Ici les travaux s'exécutent à sec avec des machines
et des bras. Les chantiers se sont étendus des petits
lacs à la plaine de Suez, 30 kilomètres environ.
Aux petits lacs, à Chalouf, le canal est terminé. Le
travail est aujourd'hui concentré à la plaine de Suez ;

on compte 12,734 individus sur les chantiers, dont 6,128 Européens et 6,596 indigènes.

La mortalité a été pour les Européens adultes de 0.71 0/0, pour les indigènes de 6.80 0/0.

Ce chiffre élevé de la mortalité parmi les indigènes est dû à une épidémie de dyssenterie qui a régné sur eux seuls, tandis que les Européens jouissaient de la meilleure santé.

Ce fait est digne de remarque, voilà la deuxième fois qu'il se renouvelle dans la même localité, sous les mêmes influences et par les mêmes causes.

Sur les travaux, les indigènes refusent de coucher dans les baraques, ils préfèrent rester en plein air en se mettant seulement à l'abri du vent. Comme ils sont très-avides d'argent, ils se nourrissent mal et sont mal vêtus. En hiver, c'est-à-dire lorsque la température baisse à 8 et 10 degrés, que le temps est variable, qu'il y a quelques pluies, les maladies ne tardent pas à apparaître. Cette époque est la mauvaise saison pour les indigènes, tandis que pour les Européens c'est le printemps ; il en résulte, pour les premiers, des diarrhées, des dys-senteries, et si le thermomètre arrive près de zéro, des pneumonies et des pleurésies ; pour les seconds, au contraire, la santé est des meilleures : l'effet inverse se produit pendant l'été, ce sont les indigènes qui se portent le mieux.

Or ce fait climatérique s'est produit cette année dans la plaine de Suez et à Chalouf, il y a même eu de la glace ; de là cette mortalité parmi les indigènes et par contre une magnifique santé parmi les Européens. En 1864, lorsque nous avions encore des contingents indigènes sur le plateau - de Chalouf, l'hiver a été à peu près semblable à celui de cette année , la température s'était considérablement abaissée, il y avait aussi eu de la glace en janvier ; la même épidémie s'est manifestée, seulement la mortalité n'a été que de 4 0/0 au lieu de 6/80. Alors, comme le travail ne durait qu'un mois pour chaque individu et que nous pouvions forcer les travailleurs à demeurer dans des gourbis, que nous leur fournissions du bois, la mortalité a été moindre ; aujourd'hui ils en font à leur guise et restent plusieurs mois sur le même chantier; ils s'épuisent par le travail et subissent plus facilement les influences fâcheuses du climat.

M. Chaix, médecin de la circonscription, a constaté qu'en dehors de cette épidémie la santé a été des plus satisfaisantes, que les ophthalmies, les diarrhées, les dyssenteries disparaissaient rapidement chez les Européens qui prennent des précautions et soignent leur santé; pour les indigènes, c'est plus difficile, ils ne viennent demander du secours que quand on les apporte.

Un fait des plus remarquables au milieu de cette immense quantité de terres remuées, c'est le peu de fièvres intermittentes. Il y a bien eu çà et là des cas de fièvres intermittentes simples et rémittentes, des cas rares heureusement de fièvres pernicieuses, mais pas en assez grande quantité pour constituer même une endémie.

Les mois de mai et juin sont généralement les plus à redouter, c'est le commencement des grandes chaleurs et les insolations sont très-dangereuses; elles se traduisent par des accès pernicieux presque toujours mortels. Au commencement de cette année, nous en avons eu deux exemples bien tristes et bien douloureux : les deux médecins de Chalouf, M. le docteur de Guérin du Cayla et M. le docteur Terrier, dans la force de l'âge et pleins de santé, ont été enlevés en quelques jours, victimes d'une insolation.

Septième circonscription : Suez.

Nous sommes ici sur la mer Rouge, à l'extrémité du canal qui débouche dans la rade de Suez, à 3 kilomètres de cette ville. Cette position entraînera nécessairement la création d'une ville nouvelle par suite des établissements déjà formés et qui se formeront sur ce point. Or quelle sera la salubrité de la ville nouvelle qui se trouvera entourée d'eau et qui devra être construite sur une plaine, ce qui permettra d'entretenir dans les rues et les maisons la plus grande propreté et aux vents du nord de circuler librement.

Ce qui se passe au terre-plein, créé par la Compagnie et noyau de la ville future, ainsi que sur les autres points de la circonscription, peut en donner une idée.

La population établie sur le terre-plein et à deux kilomètres sur le canal à la quarantaine, ainsi que sur les dragues et à l'écluse, est de 946 individus; la mortalité a été de 12, soit 1.26 pour cent. — La mortalité dans la ville actuelle de Suez serait de 2.50 pour cent. — Parmi les Européens, la mortalité a été de 1.45 pour cent, et sur 41 enfants, fait singulier, il n'y a pas eu un seul mort.

Les maladies, les blessures, dit le docteur Salémi, médecin de cette circonscription, guérissent avec rapidité, et le relevé qu'il donne des maladies pendant l'année prouve que leur durée n'a été que de dix jours 74 centièmes, et qu'il n'y a eu qu'un mort sur 28 malades.

Sur les chantiers, l'alimentation est la même qu'à Suez, l'eau est la même; il n'y a de différence que dans l'agglomération des maisons : ici, elles sont presque isolées, bien aérées; la propreté est bien entretenue aux environs; le sol n'est pas, comme à Suez, un composé de détritus et de décombres de toutes sortes. Ne serait-ce pas là une des causes de la différence qui existe dans la salubrité des deux localités, et n'y a-t-il pas là une indication sérieuse pour l'avenir et la sauvegarde de la santé publique?

La question de santé et de salubrité au nouveau Suez devra sérieusement être étudiée, car il ne faut pas oublier que, pendant six mois de l'année, la chaleur y est des plus élevées, et que l'Europe a les

yeux fixés sur ce point comme lieu de débarque-
ment des épidémies de choléra venant de l'Inde ou
de l'Arabie, voie d'Egypte pour l'Europe.

PÈLERINS. — QUARANTAINES.

Le pèlerinage, cette année, a compté 100,000 hommes environ venus de tous les pays musulmans. Sur
la montagne du sacrifice, il n'y a eu que 44 morts
de maladies ordinaires. La santé la plus satisfai-
sante a été constatée par une commission sanitaire.

7,587 pèlerins sont revenus à Suez par mer, 2,966
par terre, total 10,553.

S. A. le khédive ayant manifesté le désir d'utili-
ser le canal au retour du pèlerinage et d'offrir ainsi
à l'Europe une garantie sanitaire de plus, donna
l'ordre aux pèlerins de traverser l'isthme, et vous
pria, Monsieur le Président, de réunir toutes les
ressources du transit, afin de les transporter de
Suez à Port-Saïd, où des bateaux à vapeur les atten-
draient. En 24 heures le service du transit avait
réuni des chalands prêts à transporter 2,000 hommes par voyage. Cette opération s'est effectuée avec
la plus grande facilité ; d'après les pèlerins eux-
mêmes, jamais ils n'avaient voyagé aussi agréable-
ment ; en 24 heures chaque convoi, expédié de
Suez, était rendu à Port-Saïd, où l'embarquement
avait lieu immédiatement.

Le service de santé de la Compagnie, conjointement avec les médecins sanitaires du gouvernement égyptien, avait été chargé de surveiller la santé et l'embarquement des pèlerins, de les visiter à l'arrivée et au départ, de les observer pendant le trajet et de leur donner des soins en cas de maladie. A part quelques individus fatigués et âgés, atteints de dyssenterie chronique et qui ont succombé, soit à Port-Saïd, soit pendant le trajet, nous avons pu constater que tous les pèlerins jouissaient d'une parfaite santé.

Ce passage a été une véritable expérience et un moyen pratique d'instruction sur ce qu'il y aura à faire dans l'avenir lorsqu'il s'agira du transit des pèlerins. Je crois que le mode de transport par chalands ne se renouvellera plus, et que désormais ils traverseront le canal sur les navires qui les auront amenés.

Voici la série des précautions sanitaires qui ont été prises :

A la Mecque, commission surveillant l'état sanitaire du pèlerinage et devant prévenir au moindre symptôme de choléra ou de toute autre maladie épidémique.

A Djedda, commission surveillant la santé générale et particulière avant l'embarquement, délivrant la patente de santé et prévenant l'encombrement.

A Suez, commission visitant les pèlerins à leur arrivée, constatant l'état sanitaire des hommes et du navire. Quarantaine de cinq jours aux fontaines de

Moïse, sous la tente, avec patente nette, c'est-à-dire lorsque la santé est excellente. A la sortie de la quarantaine, et lors du départ pour Port-Saïd, nouvelle visite conjointement avec le médecin de la Compagnie.

Dans le trajet, surveillance du médecin du gouvernement et de celui de la Compagnie.

A Port-Saïd, visite des pèlerins et du navire sur lequel ils doivent s'embarquer, et avant de leur délivrer la patente de santé.

Voilà des précautions; l'Europe peut se rassurer; il y a luxe, surtout lorsque la santé est parfaite au point de départ et pendant le trajet.

Il est probable que nous aurons plus d'une fois à revenir sur cette question des pèlerins et sur d'autres concernant les provenances de l'Inde et de l'Arabie.

Une conférence internationale s'est réunie, en 1866, au sujet du choléra. Par suite de théories et sous prétexte d'humanité, ses conclusions ne tendent à rien moins qu'à suspendre pendant deux ou trois mois toutes les relations commerciales, toutes les affaires entre l'Asie, l'Afrique et l'Europe, à ruiner et à faire mourir de faim ou de misère, afin de la garantir du choléra, l'humanité ouvrière, commerçante et industrielle.

La proposition suivante a été émise : « Dans le cas où une épidémie de choléra venant par la mer Rouge se manifesterait en Egypte, l'Europe et la Turquie étant d'ailleurs indemnes, ne conviendrait-il

pas d'interrompre temporairement les communications maritimes de l'Égypte avec tout le bassin de
la Méditerranée. (Procès-verbal, n° 33.)

La conférence a répondu *affirmativement*.

Notez que des mesures sévères ont déjà été prises
dans l'Inde, dans la mer Rouge, en Arabie, et que
l'épidémie a passé outre.

Puis, quand les théoriciens de choléra auront été
impuissants, quand leur impuissance aura été bien
constatée, que l'épidémie sera arrivée en Egypte,
que demandent-ils? *un blocus*, ce qui n'empêchera
pas l'épidémie de continuer sa route.

La conférence du reste était peu nombreuse lorsque la proposition a été émise; elle a été adoptée
par 13 voix : or la conférence se composait de 34
membres.

Lisez, Monsieur le Président, les procès-verbaux
de cette conférence, vous verrez quelles graves
questions y ont été traitées et avec quelle promp-
titude elles ont été résolues. Sans doute les prin-
cipes sur lesquels elle se base sont erronés ou pré-
conçus, sans doute les mesures qu'elle propose sont
impossibles à exécuter ou inutiles, mais ces questions sont soulevées; il y a des intérêts particuliers
qui en désirent l'exécution, des positions qui dé-

pendent de ces mesures : il y aura donc discussion, obstacles, embarras de toute sorte.

Souvenez-vous, Monsieur le Président, de la peste et de ses quarantaines ; vous savez si je connais bien ces questions et la manière d'agir des contagionnistes : il m'a fallu 14 ans de luttes et d'efforts pour arriver à la réforme des quarantaines ridicules de la peste, et encore j'ai dû profiter de la révolution de 1848 pour en faire signer le décret.

CONCLUSION.

En terminant ce rapport, permettez-moi, Monsieur le Président, de vous rendre un hommage, et d'exprimer un douloureux regret.

Voilà dix ans que nous avons commencé l'organisation du service de santé et que vous avez accepté le principe sur lequel je désirais l'établir : *Prévenir la maladie.* Vous avez reconnu que là était la vraie médecine, et que le médecin, surtout dans une œuvre aussi gigantesque et aussi étendue que le percement de l'isthme de Suez, devait diriger tous ses efforts, toute sa science vers la prévention des maladies. Vous m'avez encouragé, vous avez soutenu le service de santé dans cette voie, malgré les oppositions et la routine. A vous donc la gloire d'avoir établi par une expérience de dix années et sur une vaste échelle la route que doit suivre la médecine moderne.

Les résultats ont couronné nos efforts :

La santé publique s'est maintenue et a toujours progressé,

La salubrité de l'isthme a été démontrée et augmentée;

La santé particulière s'est continuellement améliorée;

Les maladies et la mortalité ont diminué ;

Voyez les tableaux contenus dans ce rapport.

Mais à quel prix douloureux, Monsieur le Président, sommes-nous arrivés à ces résultats? Cette année trois de vos docteurs ont encore succombé, deux sur le champ de bataille, les docteurs de Guérin du Cayla et Terrier. Le docteur Pappathéodoro, après huit années de service, est allé mourir dans son pays. Sur les onze docteurs qui les premiers ont participé à votre entreprise, il n'en reste plus que cinq. Le service de santé a perdu la moitié de son effectif en chefs de service; heureusement qu'il a été le seul dont le dévouement à votre œuvre ait coûté tant de sacrifices.

Veuillez agréer, Monsieur le Président-directeur, l'assurance de mon entier dévouement

Le médecin en chef,

L. Aubert-Roche.

PARIS. — IMPRIMERIE A. CHAIX ET Cᵉ, RUE BERGÈRE, 20. — 10392-9.

Observations météorologiques du 1er juin 1868, au 1er juin 1869,

Par le docteur Zarb, médecin de la Compagnie.

1. — Thermométrie.

MOIS	MOYENNES					MAXIMA		MINIMA	
	DES MAXIMA	DES MINIMA	DU MOIS	THERMALES AU SOLEIL	DES ÉCARTS ENTRE LES MAXIMA ET LES MINIMA	PLUS HAUTS	PLUS BAS	PLUS HAUTS	PLUS BAS
Juin (1868)	27.8⁰	23.3⁰	24.9⁰	37.9⁰	6.9⁰	34	26	23	20
Juillet	32.3⁰	23.4⁰	26.7⁰	36.8⁰	7.8⁰	34	27	24	21
Août.	32.6⁰	23.9⁰	27.5⁰	35.7⁰	8.0⁰	33	27	22	16
Septembre	32.0⁰	22.0⁰	25.0⁰	34.2⁰	8.4⁰	33	26	21	14
Octobre.	28.4⁰	20.5⁰	24.1⁰	33.0⁰	8.2⁰	31	22	21	14
Novembre	25.8⁰	18.2⁰	20.0⁰	33.4⁰	6.8⁰	29	23	19	12
Décembre.	19.0⁰	13.4⁰	15.6⁰	24.8⁰	7.2⁰	25	18	15	10
Janvier (1869).	17.2⁰	12.0⁰	14.5⁰	22.1⁰	5.4⁰	22	17	14	10
Février	16.0⁰	11.2⁰	12.7⁰	23.4⁰	6.8⁰	22	17	14	6
Mars..	21 9⁰	14.6⁰	16.0⁰	26.9⁰	7.7⁰	28	20	15	7
Avril.	23.2⁰	15.0⁰	19.5⁰	27.5⁰	6.9⁰	28	22	16	11
Mai.	24.9⁰	20.0⁰	24.3⁰	33.9⁰	5.8⁰	32	24	19	18

2. — Hygrométrie.

MOIS.	MOYENNES DE L'ÉTAT HYGROMÉTRIQUE			MOYENNE HYGROMÉTRE A CHEVEUT	MOYENNE des ÉCARTS	PLUIE.	ROSÉE.	OZONE ÉCHELLE DE SEDAN	
	MATIN.	MIDI.	SOIR.			MILLIMÈTRES.	GRAMMES.	JOUR.	NUIT.
Juin 1868.	73⁰	60⁰	72⁰	75.3⁰	5.0⁰	»	25	8.2	8.2
Juillet	74⁰	59⁰	74⁰	77.0⁰	6.1⁰	»	30	8.0	8.9
Août.	75⁰	58⁰	68⁰	75.8⁰	5.4⁰	»	75	7.5	8.0
Septembre	76⁰	56⁰	70⁰	79.2⁰	4.9⁰	»	»	8.7	8.9
Octobre.	78⁰	62⁰	74⁰	77.9⁰	3.5⁰	2.6	»	9.9	8.7
Novembre.	78⁰	60⁰	76⁰	78.5⁰	4.8⁰	6.2	40	11.8	10.9
Décembre.	75⁰	67⁰	69⁰	80.4⁰	5.3⁰	20.5	»	12.0	11.8
Janvier 1869..	76⁰	61⁰	68⁰	77.0⁰	5.9⁰	11.4	»	10.4	11.0
Février.	75⁰	66⁰	69⁰	73.2⁰	6.7⁰	21.3	»	11.0	10.2
Mars	71⁰	48⁰	58⁰	72.3⁰	8.5⁰	»	50	9.2	8.9
Avril.	71⁰	50⁰	61⁰	74.8⁰	7.6⁰	»	60	8.9	8.7
Mai.	71⁰	59⁰	66⁰	74.9⁰	6.4⁰	»	20	8.0	8.0

5. — *Barométrie, Vents, orages, etc.*

MOIS.	BAROMÈTRE			VENTS LES PLUS FRÉQUENTS, par ordre de fréquence.			Orages, Éclairs, Tonnerre.	Brume, Brouillard.	CIEL. Proportion approxim. des jours.		
	Plus haut.	Plus bas.	Moyenne.						Beau.	1/2 Couv.	Couvert.
Juin 1868	764	756	758.3	N.	O.	E.	»	»	20	10	0
Juillet.	764	753	757.5	N.	O.	N.-O.	»	»	20	5	5
Août	764	755	757.0	N.	O.	N-N-O	»	»	15	10	5
Septembre.	765	756	759.1	N.-NO	N.	N.-O.	1	»	15	5	10
Octobre	766	756	762.0	N.-E.	N.	N-N-O	»	1	10	15	5
Novembre	765	758	763.9	N.-O.	S.-O.	N.	2	4	10	10	10
Décembre	767	757	763.0	S.-O.	N.-O.	N.	»	2	5	10	15
Janvier 1869.	768	758	763.2	S.-O.	S-S-O	S.	»	»	10	10	10
Février	767	758	763.8	S.-O.	S.-S-O	N.-NO	»	»	5	15	10
Mars.	770	758	761.2	O-S-O.	N.-O.	S.-E.	»	»	10	15	5
Avril	770	755	763.0	N.-O.	N.	E.	1	»	20	5	5
Mai	765	754	762.3	N.	N.-N-E	N.-NO.	»	»	25	5	0

4. — *Résumé météorologique.*

PÉRIODE	MOYENNES DU PÉRIODE		
	Thermomètre.	Baromètre.	État hygrométrique.
Des chaleurs : Juin, juillet, août, septembre.	26.8	757.9	68
Tempéré : Octobre, novembre, décembre.	20.0	762.7	70
Froid : Janvier, février, mars.	14.8	761.8	65
Variable : Avril, mai.	21.7	762.6	62

PORT-SAID.

Résumé des observations météorologiques du 1er juin 1859 au 31 mai 1869
Par le docteur ZARB, médecin de la Compagnie.

1° Thermométrie.

ANNÉES	PÉRIODE				MOYENNE de L'ANNÉE
	DES CHALEURS Juin, Juillet Août, Septembre	TEMPÉRÉ Octobre, Novembre Décembre	FROID Janvier, Février Mars	VARIABLE Avril Mai	
1. 1859-1860	28.0	22.2	16.4	21.9	22.1
2. 1860-1861	27.6	21.3	16.8	21.1	21.7
3. 1861-1862	27.4	21.0	16.2	20.7	21.3
4. 1862-1863	27.1	20.9	15.9	21.4	21.3
5. 1863-1864	27.3	20.5	16.3	21.7	21.4
6. 1864-1865	26.4	20.4	15.8	21.3	20.9
7. 1865-1866	26.1	21.0	14.9	21.1	20.7
8. 1866-1867	26.1	20.2	16.4	21.6	21.0
9. 1867-1868	26.0	20.0	14.7	21.3	20.5
10. 1868-1869	26.8	20.0	14.8	21.7	20.8

Moyenne thermométrique des 10 années. 21.15
    Do   do   des 5 premières années. 21.5
    Do   do   des 5 dernières années 20.9

2° Hygrométrie.

ANNÉES	PÉRIODE				MOYENNE de L'ANNÉE
	DES CHALEURS Juin, Juillet Août, Septembre	TEMPÉRÉ Octobre, Novembre Décembre	FROID Janvier, Février Mars	VARIABLE Avril Mai	
1. 1859-1860	82.3	85.2	88.4	83.2	84.7
2. 1860-1861	79.8	84.4	85.4	84.0	83.3
3. 1861-1862	80.3	84.6	82.0	81.2	83.5
4. 1862-1863	75.7	81.7	80.6	78.0	79.0
5. 1863-1864	80.4	80.9	74.6	80.4	79.0
6. 1864-1865	80.9	83.9	76.7	82.7	80.9
7. 1865-1866	79.5	83.1	77.2	83.2	80.7
8. 1866-1867	78.8	79.7	75.4	81.8	78.9
9. 1867-1868	79.5	80.8	74.9	81.3	79.1
10. 1868-1869	77.8	78.9	74.2	74.8	76.4

Moyenne hygrométrique des 10 années. . . . . 80 5°
    Do   do   des 5 premières années. 81.9
    Do   do   des 5 dernières années 79 2
Pluies tombées pendant les 10 années. . . . . 620 mill.
    Do   do   les 5 premières années . . . . 160 do
    Do   do   les 5 dernières années. . . . . 460 do

ISMAILIA.

Observations météorologiques, du 1ᵉʳ juin 1868 au 1ᵉʳ juin 1869,

Par M. L. Aillaud, pharmacien de la Compagnie.

1° Thermométrie.

MOIS.	MOYENNES			MAXIMA		MINIMA		TEMPÉRATURE MOYENNE DU PÉRIODE.
	Des Maxima.	Des Minima.	Du Mois.	Plus hauts.	Plus bas.	Plus hauts.	Plus bas.	
Juin 1868...............	32.53	22.43	26.45	36	30	25	20	Période
Juillet..................	34.00	22.68	27.75	37	30	28	19	des
Août...................	35.03	25.19	28.99	39	32	28	23	Chaleurs
Septembre...............	32.20	21.97	26.53	36	30	25	19	27° 43
Octobre.................	29.09	20.29	24.18	33	27	23	18	Période
Novembre...............	24.23	14.36	18.56	29	20	18	12	tempéré
Décembre...............	18.67	12.87	15.39	21	14	15	10	19° 37
Janvier 1869...........	17.19	10.97	13.83	21	15	15	7	Période
Février (1).............	17.90	10.21	13.79	25	14	13	3	du froid
Mars...................	23.12	14.27	17.96	27	20	18	11	15° 19
Avril..................	25.50	15.66	19.31	30	20	17	12	Variable
Mai...................	31.77	20.40	24.88	37	26	25	17	22° 09

(1) Le 4, glace de 3 millimètres d'épaisseur dans les réservoirs, à 6 h. 25; 1/2 degré.

2°. Hygrométrie.

MOIS	MOYENNES	PLUS GRANDS ÉCARTS	PLUS PETITS ÉCARTS	MOYENNES du PÉRIODE	PLUIE
Juin 1868	56.59	25	9		Le 1ᵉʳ et le 2, pluie.
Juillet............	57.33	33	7	60.21	
Août	61.60	36	10		
Septembre.........	75.33	39	6		Le 21, pluie d'orage.
Octobre	72.43	30	15		Les 2 et 4, pluie.
Novembre	73.92	31	19	74.97	Le 2, pluie.
Décembre	78.58	31	1		Les 11, 13, 16, 22, 24, pluie.
Janvier 1869.......	81.42	25	3		Les 7, 13, 17, 19, 27, 28, pluie.
Février	80.87	33	5	78.61	Les 6, 8, 9, 25, 28, pluie; 28 grêle.
Mars..............	74.54	30	2		Le 14, pluie.
Avril	66.66	34	5	66.43	Les 4, 9, 30, pluie.
Mai	66.21	33	5		

5° Barométrie.

MOIS.	BAROMÈTRE			VENTS			ÉTAT DU CIEL.				ORAGES, ÉCLAIRS, TONNERRE.	BROUILLARDS.
	PLUS haut.	PLUS bas.	MOYENNES.	PLUS FRÉQUENTS.			B	C	N	P		
Juin (1868)	756	752	754.62	N	N.E	N.O	26	1	1	2	1	1
Juillet.	756	749	753.14	N	N.O	O	27	1	3	»	»	»
Août	757	751	753.70	N	N.O	O	25	1	5	»	»	»
Septembre.	758	754	756.08	N	N.O	O	25	1	3	1	»	»
Octobre.	760	753	757.20	N.NE	N	N.O	25	1	3	2	1	6
Novembre.	763	753	755.96	N.NE	N.O	O	18	3	8	1	»	1
Décembre.	765	753	756.86	O	N	N.O	12	3	11	5	2	»
Janvier (1869). . . .	763	750	758.83	O	N	S.S.O	12	7	6	6	4	2
Février	765	754	759.50	N.NO	N	O	18	2	3	5	3	1
Mars	759	748	753.26	S	O	N.NE	26	2	2	1	3	»
Avril	763	753	757.23	N.NE	S	O.NO	22	2	3	3	1	»
Mai.	758	752	755 13	N.NE	N	N.E	24	1	6	»	»	»

4° Résumé.

PÉRIODE.	MOYENNES DU PÉRIODE			VENTS			MOYENNES DES JOURS		
	Therm.	Hygrom.	Barom.	PLUS FRÉQUENTS.			de soleil.	demi-couverts.	Couverts.
Des chaleurs.	27°43	60.21	754.38	N.	N. O.	O.	103	12	7
Tempéré.	19°37	74.97	756.67	N.-O.	N.-E.	N.	55	22	15
Froid	15°19	78.61	757.19	O.	N.	S.	56	11	23
Variable	22°09	66.43	756.23	N.-NE	N.	S.	46	9	6

ISMAILIA

Résumé des Observations météorologiques, du 1er juin 1863 au 31 mai 1869,

Par M. L. Aillaud, pharmacien de la Compagnie.

Thermométrie.

ANNÉES.	PÉRIODE				MOYENNE DE L'ANNÉE.
	DES CHALEURS juin — juillet — août septembre.	TEMPÉRÉ octobre — novembre décembre.	FROID janvier — février mars.	VARIABLE avril — mai.	
1863-1864	28.15	19.33	15.05	21.80	21.08
1864-1865	28.30	20 90	18.66	22.50	22.59
1865-1866	26.00	19.50	16.50	26.00	22.00
1866-1867	28.22	18.16	15.20	21.05	20.65
1867-1868	27.37	19.50	15.50	22.83	21.30
1868-1869	27.43	19.37	15.19	22.09	21.02

Moyenne des six années. 21.44
Moyenne des quatre années avant l'introduction des eaux de la Méditerranée dans le lac Timsah. 21.58
Moyenne des deux années après le remplissage du Lac. 21.16

Hygrométrie.

ANNÉES.	PÉRIODE				MOYENNE DE L'ANNÉE.
1863-1864	51.75	51.00	52.33	47.00	50.52
1864-1865	50.97	»	»	»	»
1865-1866	58.97	67.73	69.96	57.80	63.61
1866-1867	67.25	73 33	76.00	68.50	71.27
1867-1868	59.65	62.36	65.50	58.60	61.52
1868-1869	60.21	74.97	78.51	66.43	70.05

Moyenne des cinq années. 63.39
Moyenne des trois années avant l'introduction des eaux de la Méditerranée dans le lac Timsah. . 61.80
Moyenne des deux années après le remplissage du Lac. 65.78

SUEZ.

Résumé des Observations thermométriques, du 1er juin 1865 au 31 mai 1869.

Thermométrie.

ANNÉES.	PÉRIODE				MOYENNE DE L'ANNÉE.
	DES CHALEURS juin — juillet — août septembre.	TEMPÉRÉ octobre — novembre décembre.	FROID janvier — février mars.	VARIABLE avril — mai.	
1865-1866	29.87	21.30	16.80	23.30	22.81
1866-1867	27.95	17.73	15.43	25.20	21.77
1867-1868	29.27	18.70	13.99	22.40	21.66
1868-1869	27.52	20.13	13.13	21.75	21.11

Moyenne des quatre années. 21.83

SUEZ (3e et 4e années).

Observations météorologiques pendant les années 1867-1868-1869.

Par M. Brissot, agent du télégraphe de la Compagnie, à Suez.

MOIS.	DU 1er JUIN 1867 AU 31 MAI 1868.						DU 1er JUIN 1869 AU 31 MAI 1969.					
	BAROMÈTRE			THERMOMÈTRE			BAROMÈTRE			THERMOMÈTRE		
	MAXIMA.	MINIMA.	MOYENNE du mois.	MAXIMA.	MINIMA.	MOYENNE du mois.	MAXIMA.	MINIMA.	MOYENNE du mois.	MAXIMA.	MINIMA.	MOYENNE du mois.
Juin..................	763.03	753.38	759.32	39.9	17.5	33.09	767.63	755.8	759.70	38.4	10.5	24.6
Juillet	761.53	751.27	711.46	39.9	2] »	28.06	760.28	756.87	756.87	28.9	21.5	28.9
Août.................	759.63	752.63	757.15	41.4	21 »	28.03	759.88	757.51	757.51	39.9	22. »	29.3
Septembre............	762.08	754.78	758.99	36.9	19 »	26.03	763.13	760.90	760.90	36.4	21. »	27.30
Octobre	764.18	757.58	702.17	34.4	14 »	23.08	764.08	760.80	760.80	34.9	19. »	26.90
Novembre	769.33	757.38	774.31	26.9	11 »	18 »	768.53	726.12	726.12	36.9	10.5	18.5
Décembre	769.23	757.08	763.23	22.9	8 »	14.30	772.28	764.17	764.17	21.4	8 5	14.99
Janvier	770.13	757.43	781.87	21.4	5.5	12.09	771.88	764.43	764.43	19.9	6. »	10.3
Février...............	769.83	757.28	779.88	19.4	6.2	12.36	770.43	765.21	765.21	22.9	9.5	12.4
Mars	767.28	751.83	762.06	27.4	6.5	16.72	764.73	758.23	758.23	27.4	8.5	16.7
Avril	768.48	750.78	761.28	31.9	8 »	18.71	768.78	761.83	761.83	32.4	11. »	18.7
Mai..................	764.08	752.78	760.30	41.4	13 »	26.01	762.28	751.31	731.31	37.9	14.5	24.80
Moyenne des années.	....	....	761.00	....	....	21.66	....	....	757.25	....	....	21.11

Suez, le 17 juin 1869.

Pour copie conforme, le médecin de la Compagnie :
Signé : Dr SALÉMI.

IMPRIMERIE A. CHAIX ET Cⁱᵉ. — RUE BERGÈRE, 20. — 10394-9.

IMPRIMERIE A. CHAIX ET Ce. — RUE BERGÈRE, 20. — 10394-9.